疯狂的十万个为什么系列

小笨熊 这就是

数理化。④

崔钟雷　主编

数学：四边形·多边形·
镶嵌·圆

黑龙江美术出版社

杨牧之

国务院批准立项
国家重大出版工程
《中国大百科全书》总主编

1966年毕业于北京大学中文系，中华书局编审。曾经参与创办并主持《文史知识》（月刊）。1987年后任国家新闻出版总署图书司司长、副署长。第十届全国人大代表、教科文卫委员会委员。现任《中国大百科全书》总主编、《大中华文库》总编辑、《中国出版史研究》主编。

崔钟雷主编的"疯狂十万个为什么"系列丛书、百科全书系列丛书，是用中国价值观、中国人喜闻乐见的形式，打造的送给孩子们的名家彩绘版科普读物。我祝贺它们的出版。

杨牧之
2018.1.9
北京

编委会

总 顾 问：杨牧之

主　　 编：崔钟雷

编委会主任：李 彤　刁小菊

编委会成员：姜丽婷　贺 蕾
　　　　　　张文光　翟羽朦
　　　　　　王 丹　贾海娇

图书设计：稻草人工作室

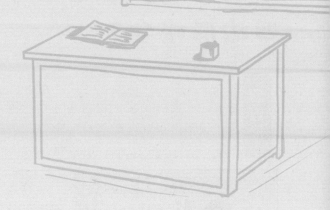

谁能参加数学国王举办的四边形晚会？

四边形

同一平面上的四条直线所围成的图形叫作四边形。

公告上说四边形的内角和是360°。

国王邀请四边形参加晚会！

外角和也是360°呢！

邀请四边形参加晚会

走过路过，不要错过！

四边形都有哪些呢？

四边形是个大家族，包括正方形、矩形、平行四边形……

我的名字里并没有"四边形"三个字，我是四边形吗？

菱形

菱形对面迎来了平行四边形,原来平行四边形也要去参加晚会。

当然!你是四边相等的四边形!对角线互相垂直的平行四边形才是菱形,你完全符合条件。

平行四边形哥哥,我想问一下,我是四边形吗?

四边形的内角和是360°,不确定的话你拿这个测量一下。

平行四边形哥哥,这就是量角器吧!

对,这就是鼎鼎大名的"量角器"!

没错,我就是量角器。我的功能很多,包括画角度、量角度、画垂直线、测倾斜度,还可以当内外直角拐尺等。

聪明的小笨熊说

经过计算和测量四边形的内角和一定是360°,比如菱形、平行四边形、正方形、矩形、等腰梯形等,它们的内角和都是360°。

我的四个角都是直角,四条边及两条对角线长度也相等,并且互相垂直平分,每条对角线平分一组对角。我能参加晚会吗?

我的四个角也都是直角,而且对角线相等,我是四边形吗?

还有我,我是吗?

正方形

长方形

等腰梯形

小镇上的一栋房子内⋯⋯

不要纠结了,我们去问一问镇长就知道了。

镇长办公室

等腰梯形,你有什么特点呢?

我在同一底上的两个角大小相等且两条对角线长度相等,经过梯形一腰的中点与底平行的直线必平分另一腰。还有我的中位线平行于两底,并且长度等于两底长度和的一半。

孩子们,你们都是四边形。比如矩形,有三个角是直角的四边形,或者对角线相等的平行四边形就是矩形。

镇长,我们是四边形吗?

镇长

6

几个孩子开心地走出镇长办公室，遇到了平行四边形和菱形。

大家好，你们也是来参加四边形晚会的吗？

咱们快点儿走吧，晚会马上就要开始了！

是的，看来你们也是四边形，怪不得我们长得如此相似。

生活中还有哪些图形是四边形呢？

疯狂的小笨熊说

正方形、矩形、菱形以及梯形都是特殊的四边形，两组对角分别相等，或者两组对边分别相等，或者对角线互相平分，或者一组对边平行且相等的四边形就是平行四边形。

忽然降临甜甜圈星球的
神秘来客是谁？

在平面内，由一些线段首尾顺次相接组成的封闭图形叫作多边形。

甜甜圈星球是一个美丽的星球。

欢迎大家来到甜甜圈星球做客！

轰！

外星人！

我们快打开门看看。

这是传说中的宇宙飞船吗？

一个奇怪的生物从飞船中走下来。

大家好，你们看到我怎么这么惊讶？

你是谁？

我是甜食部落的成员，一直在寻找甜甜圈的配方，你们能告诉我吗？

你给我们讲讲你的故事，我们再决定告不告诉你。

好，我来自曲奇星球，主要任务就是完善甜食资料。我们星球的成员是由一些线段首尾顺次相接组成的封闭图形。

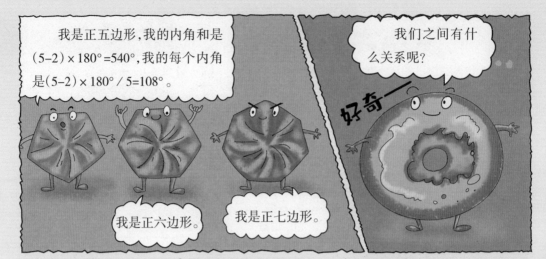

我是正五边形,我的内角和是$(5-2) \times 180° = 540°$,我的每个内角是$(5-2) \times 180° / 5 = 108°$。

我们之间有什么关系呢？

好奇——

我是正六边形。

我是正七边形。

如果把一个圆分成 n 份,依次连接各分点所得的多边形是这个圆的内接正 n 边形。经过各分点作圆的切线,以相邻切线的交点为顶点的多边形是这个圆的外切正 n 边形。

任何正多边形都有一个外接圆和一个内切圆,这两个圆是同心圆。

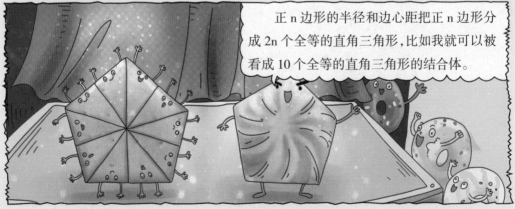

正 n 边形的半径和边心距把正 n 边形分成 2n 个全等的直角三角形,比如我就可以被看成 10 个全等的直角三角形的结合体。

现在你们是否了解我了呢?

很好,既然如此,我就告诉你我们的配方!

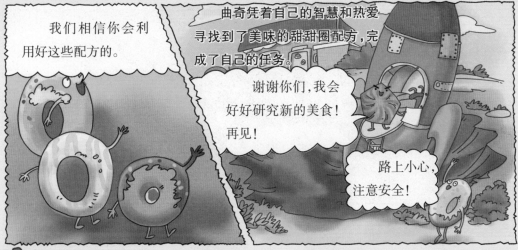

我们相信你会利用好这些配方的。

曲奇凭着自己的智慧和热爱寻找到了美味的甜甜圈配方,完成了自己的任务。

谢谢你们,我会好好研究新的美食!再见!

路上小心,注意安全!

疯狂的小笨熊说

正 n 边形的面积等于周长乘边心距的结果的二分之一。

我们配合在一起可以画出各种各样的多边形!

铺地板难道也有大学问吗？

用一些不重叠摆放的多边形把平面的一部分完全覆盖，叫作"用多边形覆盖平面"（或"平面镶嵌"）。

孩子她爸，我们的新家还没有铺地板。

爸爸妈妈，我们搬新家了，真开心。

我们到了之后马上行动起来！

我们请教一下邻居狸猫吧。

爸爸，我们的新家要买什么样的地板？

你好，我们的新家需要铺地板，可以给我点儿建议吗？

你们要用几个形状相同或不同的图形不留空隙、不重叠地密铺一个平面，且拼接点处的各角之和需为360°。

12

想要正多边形地板的话,如果360°除以正 n 边形的一个内角等于整数,则可以单独用它密铺。

用形状相同或不同的一种或几种平面图形进行拼接,彼此之间不留空隙、不重叠地铺成一片,就是平面图形的镶嵌(密铺)。

谢谢您,我明白啦!

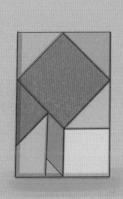

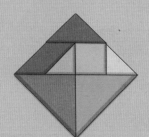

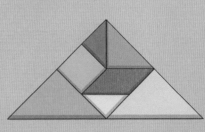

我们是由不同的多边形拼接而成的。

我利用密铺的相关知识,创作了这些漂亮的作品。

这些都是名画啊!

狐狸叔叔，我来找你买地板！

一个 n 边形从一个顶点出发有(n-3)条对角线，所有对角线的条数是 n(n-3)/2；把多边形转化成三角形求解的常用方法是连接对角线。

多种正多边形组合起来镶嵌成一个平面的条件有两个，你知道吗？

你好，请问你要买什么样的地板？

我想买正多边形的地板。

这个问题我不知道，你能告诉我吗？

第一个条件就是 n 个正多边形中的一个内角的倍数的和是 360°；第二个条件就是 n 个正多边形的边长相等，或其中一个或 n 个正多边形的边长是另一个或 n 个正多边形边长的整数倍。

最终,在邻居们的帮助下,小兔子一家很快铺好了地板。

你知道吗!

多种正多边形组合起来镶嵌成一个平面的条件:n 个正多边形中的一个内角的倍数的和是 360° ;n 个正多边形的边长相等, 或其中一个或 n 个正多边形的边长是另一个或 n 个正多边形边长的整数倍。

那些与圆有关的不得不说的事情是什么？

好困啊，该睡觉了！

小东睡着了，大家都出来聊天吧。

到定点的距离等于定长的点的轨迹，是以定点为圆心，定长为半径的圆。能做到同圆或等圆的半径相等，也是不容易呢。

这个圆圈画得太完美了！

不过是一些点的集合罢了。

聪明的小笨熊说

圆的内部可以被看作是圆心的距离小于半径的点的集合，圆的外部可以看作圆心的距离大于半径的点的集合。

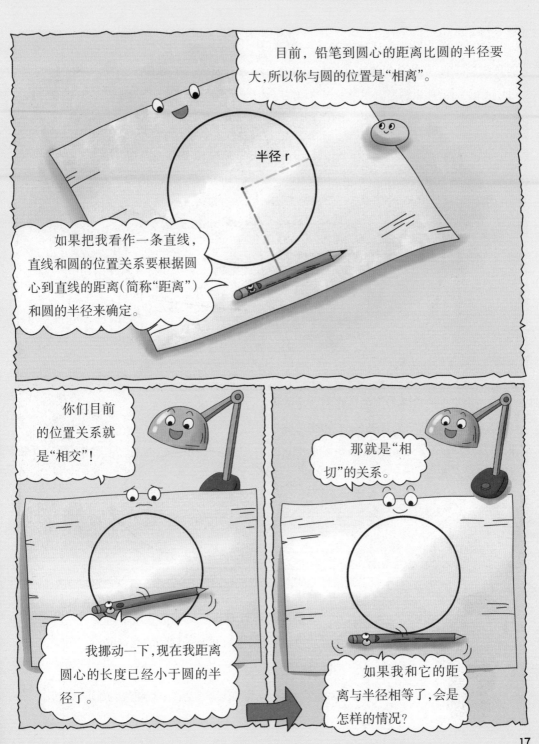

经过半径的外端并且垂直于这条半径的直线是圆的"切线"，铅笔现在就垂直于经过切点的半径，所以铅笔就相当于我的切线。

圆与圆一共有5种位置关系：外切、内切、相交、内含和外离。

小橡皮的圆心与圆的圆心间的距离比圆的半径大，它们的关系是"外离"。

当小橡皮的边缘与圆的边缘有2个交点时，小橡皮与圆的位置关系是"相交"，此时小橡皮的圆心和圆的圆心的距离小于它们的半径之和，且大于它们的半径之差。

经过圆心且垂直于切线的直线必经过切点，经过切点且垂直于切线的直线必经过圆心。

当小橡皮的圆心与圆的圆心间的距离恰巧等于半径之和时,它们就是"外切"的关系;当小橡皮的圆心与圆的圆心间的距离等于半径差时,它们就是"内切"的关系;当小橡皮的圆心与圆的圆心间的距离小于半径差时,它们就是"内含"的关系!

原来是这样!

好像做了一个很有意思的梦!

这酸酸甜甜的冰糖葫芦,从侧面看就是一条直线与圆相交啊!

孤独的小O
找到朋友了吗？

经过半径的外端并且垂直于这条半径的直线是"圆的切线"。

几何森林中，住着一个圆小O。

我每天都很孤独……

一天，小O遇到了直线，双方一见如故。

原来如此！

我是直线，我们之间还有关系呢，经过你的一条半径的外端并且垂直于这条半径的直线就是你的切线。

三角形大叔迎面走来。

是啊，圆的切线还垂直于经过切点的半径呢。

切线的判定定理：
经过半径的外端且垂直于这条半径的直线是"圆的切线"。

真的是这样！我还发现经过我的圆心且垂直于切线的直线必经过切点，而且经过切点且垂直于切线的直线必经过圆心呢！

这么神奇，我们来试一试。

是啊，我们过去打个招呼吧!

小点，那是小O和我的弟弟。

那不是点和你的大哥吗?

咱们四个在路上这样做实在太滑稽，而且还影响行人通行，不如一起去我家里吧!

两个圆相交时，它们的两个交点的连线就叫两个圆的"公共弦"。

我知道从圆外一点引圆的两条切线，它们的长相等，圆心和这一点的连线平分两条切线的夹角。我们现在刚好有两条直线，还有圆和我，为什么不试一试呢?

小O，我在家门口等半天了。快来让姐姐抱抱，和姐姐相交一下!

快进屋，别客气!

我们再想想还有什么关于我们的知识吧!

21

平行四边形的小知识

平行四边形的面积公式：底×高。用 h 表示高，a 表示底，S 表示平行四边形面积，则 S=ah。

平行四边形的周长 =2×两邻边之和。用 a 和 b 表示两邻边，C 表示平行四边形的周长，则 C=2(a+b)。

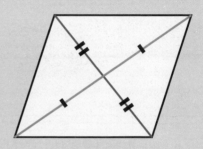

▲平行四边形对角线互相平分。

多边形面积的常用求法

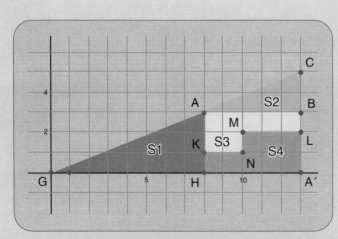

▲一个图形的面积等于它的各部分面积的和。

1.将任意一个平面图形划分为若干部分，通过求各部分的面积的和，再求出原来图形的面积，这种方法叫作"分割法"。

2.将一个平面图形的某一部分割下来移放在另一个适当的

位置上,从而改变原来图形的形状,再利用计算变形后的图形的面积来求原图形的面积的方法,叫作"割补法"。

3.一个平面图形通过拼补某一图形,变为另一个图形,利用新的图形减去所补充的图形的面积,来求出原来图形的面积的这种方法叫作"拼凑法"。

圆锥的重要概念

1.圆锥的高:圆锥的顶点到圆锥的底面圆心之间的距离,叫作"圆锥的高"。

2.圆锥的母线:圆锥侧面展开形成的扇形的半径、底面圆周上任意一点到顶点的距离即为"圆锥的母线"。

3.圆锥的侧面积:将圆锥的侧面沿母线展开,是一个扇形,这个扇形的弧长等于圆锥底面的周长,而扇形的半径等于圆锥母线的长。

4. 圆锥有一个底面、一个侧面、一个顶点、一条高、无数条母线,且底面展开图是一个圆形,侧面展开图是一个扇形。

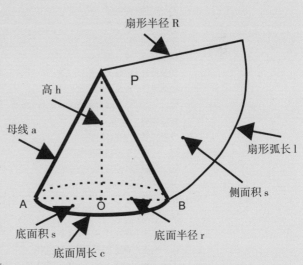

▲ 圆锥及侧面展开图的相关概念。

图书在版编目(CIP)数据

　　小笨熊这就是数理化. 这就是数理化. 4 / 崔钟雷主
编. -- 哈尔滨：黑龙江美术出版社，2021.4
　　(疯狂的十万个为什么系列)
　　ISBN 978-7-5593-7259-8

　　Ⅰ. ①小… Ⅱ. ①崔… Ⅲ. ①数学－儿童读物②物理
学－儿童读物③化学－儿童读物 Ⅳ. ①O-49

　　中国版本图书馆 CIP 数据核字(2021)第 058153 号

书　　名 / 疯狂的十万个为什么系列
FENGKUANG DE SHI WAN GE WEISHENME XILIE
小笨熊这就是数理化　这就是数理化 4
XIAOBENXIONG ZHE JIUSHI SHU-LI-HUA
ZHE JIUSHI SHU-LI-HUA 4

出 品 人 / 于　丹
主　　编 / 崔钟雷
策　　划 / 钟　雷
副 主 编 / 姜丽婷　贺　蕾
责任编辑 / 郭志芹
责任校对 / 徐　研
插　　画 / 李　杰
装帧设计 / 稻草人工作室
出版发行 / 黑龙江美术出版社
地　　址 / 哈尔滨市道里区安定街 225 号
邮政编码 / 150016
发行电话 / (0451)55174988
经　　销 / 全国新华书店
印　　刷 / 临沂同方印刷有限公司
开　　本 / 787mm×1092mm　1/32
印　　张 / 9
字　　数 / 300 千字
版　　次 / 2021 年 4 月第 1 版
印　　次 / 2021 年 4 月第 1 次印刷
书　　号 / ISBN 978-7-5593-7259-8
定　　价 / 240.00 元(全十二册)